SERPIENTES DE CORAL

SERPIENTES PELIGROSAS

Tracy Nelson Maurer

Traducción de Sophia Barba-Heredia

ÍNDICE

Un libro de El Semillero de Crabtree

CRABTREE Publishing Company
www.crabtreebooks.com

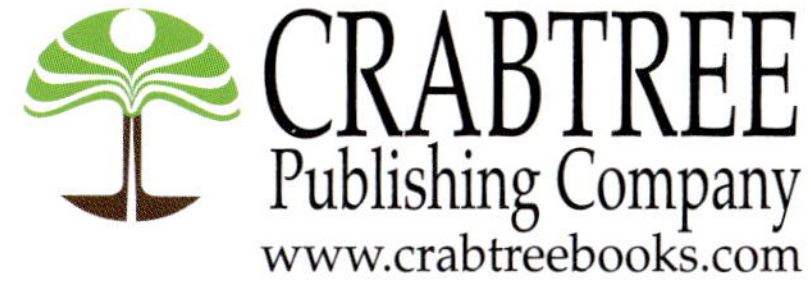

Apoyos de la escuela a los hogares para cuidadores y maestros

Este libro ayuda a los niños en su desarrollo al permitirles practicar la lectura. Abajo están algunas preguntas guía para ayudar al lector a fortalecer sus habilidades de comprensión. En rojo hay algunas opciones de respuesta.

Antes de leer:

- ¿De qué pienso que tratará este libro?
    - *Pienso que este libro es sobre serpientes de coral.*
    - *Pienso que este libro es sobre serpientes bonitas.*
- ¿Qué quiero aprender sobre este tema?
    - *Quiero aprender por qué las serpientes de coral son peligrosas.*
    - *Quiero aprender dónde viven las serpientes de coral.*

Durante la lectura:

- Me pregunto por qué...
    - *Me pregunto por qué las serpientes de coral nacen de huevos.*
    - *Me pregunto por qué las serpientes de coral son tan pequeñas y venenosas.*
- ¿Qué he aprendido hasta ahora?
    - *Aprendí que la mayoría de las serpientes de coral miden cerca de 20 pulgadas (50 cm) de largo.*
    - *Aprendí que las serpientes de coral son rojas, amarillas y negras.*

Después de leer:

- ¿Qué detalles aprendí de este tema?
    - *Aprendí que los colmillos de las serpientes de coral inyectan veneno en su presa.*
    - *Aprendí que comen pequeñas lagartijas y a otras serpientes.*
- Lee el libro de nuevo y busca las palabras del vocabulario.
    - *Veo la palabra* ***reptiles*** *en la página 3 y la palabra* ***colmillos*** *en la página 14. Las demás palabras del vocabulario están en las páginas 22 y 23.*

SERPIENTES DE CORAL

Las serpientes de coral son **reptiles** pequeños.

Las serpientes de coral bebés nacen de huevos.

Cuando crecen, su tamaño promedio es de 20 pulgadas (50 cm) de largo.

Algunas serpientes de coral son tan redondas como un lápiz.

Las **escamas** de las serpientes de coral pueden ser de muchos colores.

Muchas serpientes de coral son conocidas por sus franjas rojas, amarillas y negras.

Las franjas rojas y amarillas significan «¡Mantente alejado!».

Las serpientes de coral ratoneras copian los colores de las serpientes de coral. Pero las serpientes de coral ratoneras no tienen **veneno** mortal.

Las serpientes de coral tienen **colmillos** más cortos que la mayoría de las otras serpientes.

Los colmillos inyectan veneno en la **presa**.

El veneno de las serpientes de coral es el más peligroso de todos los venenos de serpientes que hay en los Estados Unidos. ¿Las buenas noticias? Pocas serpientes de coral llegan a morder a las personas.

Las serpientes de coral cazan en la noche.

Comen pequeñas lagartijas y a otras serpientes.

lagartija

Descansan debajo de hojas y rocas o se meten en **madrigueras** y troncos.

Glosario

colmillos: Los colmillos son dientes largos y filosos.

escamas: Las escamas son piezas de piel pequeñas y duras.

madrigueras: Las madrigueras son túneles o agujeros en el suelo.

presa: Una presa es un animal que es cazado por otro animal para alimentarse.

reptiles: Los reptiles son animales escamosos de sangre fría que respiran aire.

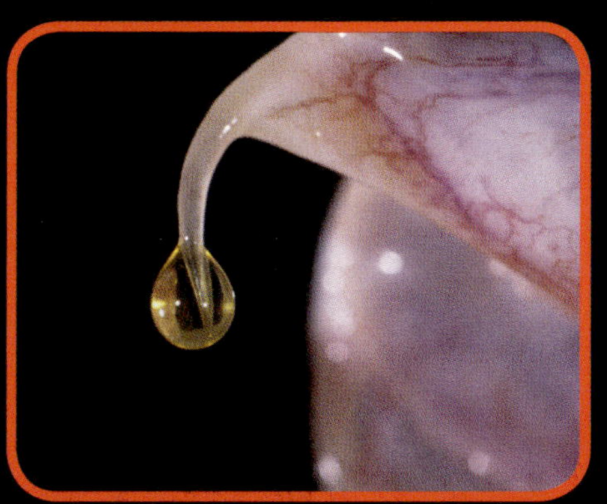

veneno: El veneno es una ponzoña pasada a través de una mordida o picadura.

Índice analítico

Sitios Web (en inglés):

www.nationalgeographic.com/animals/reptiles/e/eastern-coral-snake
https://animals.net/coral-snake

Acerca de la autora

Tracy Nelson Maurer

Tracy Nelson Maurer ha escrito más de 100 libros para lectores jóvenes. Vive en Minnesota, donde hace mucho frío para la mayoría de las serpientes peligrosas.

Written by: Tracy Nelson Maurer
Designed by: Jennifer Dydyk
Editor: Kelli Hicks

Translation to Spanish: Sophia Barba-Heredia
Spanish-language layout and proofread: Base Tres
Print and production coordinator: Katherine Berti

Photographs: mask for snakeskin graphic on cover and pages © shutterstock.com/Merydolla; yellow triangle with snake graphic © Top Vector Studio/Shutterstock; Cover photo: © shutterstock.com/Jay Ondreicka; Page 3: ©shutterstock.com/Mark_Kostich; page 5 © Shutterstock.com/NOPPHARAT6395; page 7 © istock/ mspoli; page 9 © Luis Tejo | Dreamstime.com; page 10 (top) Shutterstock.com/vinap, (bottom) © istock/vinap; page 11 © Shutterstock/Matt Jeppson; page 13 Jason Ondreicka | Dreamstime.com; page 15 © Shutterstock/J.A. Dunbar; page 17 © Shutterstock/Jay Ondreicka; page 18 © Shutterstock/Kuznetsov Alexey; page 19 © Shutterstock/Martina Birnbaum; page 21 © Shutterstock/Luis César Tejo; page 22 (top) © Shutterstock/A_Lesik, (middle) Akarat Duangkhong | Dreamstime.com, (bottom) © Shutterstock/Karel Bartik; page 23 (middle) © istock/cturtletrax, (bottom) © Shutterstock/Joe McDonald

Library and Archives Canada Cataloguing in Publication
Title: Serpientes de coral / Tracy Nelson Maurer ; traducción de Sophia Barba-Heredia.
Other titles: Coral snakes. Spanish
Names: Maurer, Tracy Nelson, 1965- author. | Barba-Heredia, Sophia, translator.
Description: Series statement: Serpientes peligrosas | Translation of: Coral snakes. | Includes index. | "Un libro de el semillero de Crabtree". | Text in Spanish.
Identifiers: Canadiana (print) 20210251174 |
Canadiana (ebook) 20210251182 |
ISBN 9781039619302 (hardcover) |
ISBN 9781039619364 (softcover) |
ISBN 9781039619425 (HTML) |
ISBN 9781039619487 (EPUB) |
ISBN 9781039619548 (read-along ebook)
Subjects: LCSH: Coral snakes—Juvenile literature.
Classification: LCC QL666.O64 M3818 2022 | DDC j597.96/44—dc23

Library of Congress Cataloging-in-Publication Data
Names: Maurer, Tracy Nelson, 1965- author.
Title: Serpientes de coral / Tracy Nelson Maurer ; traducción de Sophia Barba-Heredia.
Other titles: Coral snakes. Spanish
Description: New York : Crabtree Publishing, [2022] | Series: Serpientes peligrosas - un libro el semillero de Crabtree | Includes index.
Identifiers: LCCN 2021029765 (print) |
LCCN 2021029766 (ebook) |
ISBN 9781039619302 (hardcover) |
ISBN 9781039619364 (paperback) |
ISBN 9781039619425 (ebook) |
ISBN 9781039619487 (epub) |
ISBN 9781039619548
Subjects: LCSH: Coral snakes--Juvenile literature.
Classification: LCC QL666.O64 M3918 2022 (print) | LCC QL666.O64 (ebook) | DDC 597.96/44--dc23
LC record available at https://lccn.loc.gov/2021029765
LC ebook record available at https://lccn.loc.gov/2021029766

Crabtree Publishing Company
www.crabtreebooks.com 1-800-387-7650

In Canada: We acknowledge the financial support of the Government of Canada through the Canada Book Fund for our publishing activities.

Published in the United States
Crabtree Publishing
347 Fifth Avenue, Suite 1402-145
New York, NY, 10016

Published in Canada
Crabtree Publishing
616 Welland Ave.
St. Catharines, Ontario L2M 5V6

Printed in the U.S.A./092021/CG20210616